目　次

前言 … Ⅲ
1 范围 … 1
2 规范性引用文件 … 1
3 术语和定义 … 1
4 总则 … 2
　4.1 监测目的 … 2
　4.2 基本任务 … 2
　4.3 工作流程 … 3
　4.4 基本要求 … 3
5 监测对象与监测内容 … 3
　5.1 监测对象 … 3
　5.2 监测内容 … 3
6 监测分级 … 4
　6.1 监测分级标准 … 4
　6.2 分级监测内容及方法、要求 … 4
7 监测方法 … 5
　7.1 一般规定 … 5
　7.2 水准对点监测 … 5
　7.3 短水准剖面监测 … 5
　7.4 三维变形测量仪监测 … 6
　7.5 卫星定位系统监测 … 6
　7.6 地下水动态监测 … 6
　7.7 简易人工监测 … 6
　7.8 监测频率 … 6
8 监测前期准备 … 7
　8.1 资料收集 … 7
　8.2 野外踏勘 … 7
　8.3 监测设计 … 7
9 监测网布设 … 8
　9.1 监测点布设原则 … 8
　9.2 监测点布设 … 8
10 监测点建设 … 8
　10.1 水准点(桩)埋设 … 8
　10.2 卫星定位系统监测点建设 … 9
　10.3 地下水动态监测点(井)建设 … 9

10.4 简易人工监测点建设 ………………………………………………………………… 10
11 监测数据记录与处理 …………………………………………………………………… 10
　11.1 监测数据记录 …………………………………………………………………… 10
　11.2 监测数据预处理 ………………………………………………………………… 10
　11.3 资料整编 ………………………………………………………………………… 10
12 成果编制 ………………………………………………………………………………… 11
　12.1 成果报告编制 …………………………………………………………………… 11
　12.2 成果图件编制 …………………………………………………………………… 11
　12.3 资料存储 ………………………………………………………………………… 11
附录 A（规范性附录） 地裂缝地质灾害监测设计书编写提纲 ………………………… 12
附录 B（规范性附录） 地裂缝地质灾害监测报告编写提纲 …………………………… 14
附录 C（资料性附录） 三维变形测量仪工作原理及安装方法 ………………………… 16
附录 D（规范性附录） 监测记录表 ……………………………………………………… 18
附录 E（资料性附录） 基于GIS的地裂缝活动性评价方法 …………………………… 20
附录 F（资料性附录） 地裂缝活动趋势预测方法 ……………………………………… 23

前　言

本标准按照 GB/T 1.1—2009《标准化工作导则　第 1 部分：标准的结构和编写》给出的规则起草。

本标准附录 A、B、D 为规范性附录，附录 C、E、F 为资料性附录。

本标准由中国地质灾害防治工程行业协会提出并归口。

本标准主要起草单位：陕西省地质环境监测总站、长安大学、陕西工程勘察研究院。

本标准主要起草人：陶虹、范立民、宁奎斌、贺卫中、王雁林、张卫敏、李辉、陶福平、丁佳、李勇、向茂西、刘海南、李文莉、赵超英、李稳哲、王利。

本标准由中国地质灾害防治工程行业协会负责解释。

地裂缝地质灾害监测规范(试行)

1 范围

本标准规定了地裂缝地质灾害监测的监测分级、监测对象与监测内容、监测方法、监测前期准备、监测网布设、监测点建设、监测数据记录与处理、成果编制的技术要求。

本标准适用于地裂缝地质灾害的监测。由滑坡、崩塌、地面塌陷等引起的地裂缝可参照使用。

2 规范性引用文件

下列文件对于本标准的应用是必不可少的。凡是注日期的引用文件,仅注日期的版本适用于本标准。凡是不注日期的引用文件,其最新版本(包括所有的修改单)适用于本标准。

GB/T 12897　国家一、二等水准测量规范
GB/T 12898　国家三、四等水准测量规范
GB/T 18314　全球定位系统(GPS)测量规范
GB/T 50026　工程测量规范
DZ/T 0133—1994　地下水动态监测规程
DZ/T 0270　地下水监测井建设规范
JGJ 8　建筑变形测量规范
SL 183　地下水监测规范

3 术语和定义

下列术语和定义适用于本标准。

3.1
地裂缝 ground fissure

在自然或人为因素的作用下,地表岩土体开裂、差异错动,在地面形成一定长度和宽度的裂缝并造成危害的现象。

3.2
地裂缝监测 geofractures monitoring

通过水准测量、三维变形测量仪测量、卫星定位系统测量等测量方法,对地裂缝活动变化情况进行定期观察测量、采样测试、记录计算、分析评价和预警预报的活动。

3.3
地裂缝影响带 geofractures zone

由于地裂缝活动造成的地裂缝上下两盘的地面变形范围。

3.4

水准对点监测 point-pairs leveling monitoring

垂直地裂缝发育方向，在地裂缝两盘分别布设两个水准点，通过定期水准测量取得地裂缝两盘垂直活动量的监测方法。

3.5

短水准剖面监测 short-distance leveling monitoring

垂直地裂缝发育方向，在地裂缝两盘按一定间距布设的两个以上的水准点，通过定期水准测量取得地裂缝两盘不同位置垂直活动量及地裂缝影响带宽度的监测方法。

3.6

三维变形测量仪监测 instrument station monitoring of ground fissure three-dimensional activity

通过布设跨地裂缝两盘专用地面变形测量仪，对地裂缝水平拉张、水平扭动、垂直活动三维变化量实施连续测量的监测方法。

3.7

地下水动态监测 groundwater regime monitoring

对一个地区或水源地的地下水动态要素（水位、水量、水质和水温）等的物理化学性质进行定期测量。

3.8

卫星定位系统监测 GNSS monitoring

在地表形变区域布设卫星定位系统监测网，应用卫星定位系统测量技术对地表形变实施的定期测量。

3.9

地裂缝水平拉张活动量 ground fissure horizontal tensile activity

地裂缝活动造成地裂缝两盘垂直于地裂缝走向的水平张裂位移量。

3.10

地裂缝水平扭动活动量 ground fissure horizontal twisting activity

地裂缝活动造成地裂缝两盘平行于地裂缝走向的水平错动位移量。

3.11

地裂缝垂直活动量 ground fissure vertical activity

地裂缝活动造成地裂缝两盘垂直错动位移量。

4 总则

4.1 监测目的

4.1.1 获取地裂缝活动变形造成的地面及建（构）筑物变形量，为预警、防治决策和科学研究提供基础数据。

4.1.2 为地裂缝防治工程勘查、设计、施工提供基础资料。

4.2 基本任务

4.2.1 在已发生地裂缝的地区，建立相应地裂缝监测网络。

4.2.2 运行和维护地裂缝监测网络，采集地裂缝监测数据，分析地裂缝活动特征，预测地裂缝活动趋势。

4.3 工作流程

应在资料收集的基础上,进行地裂缝监测分级,设计监测网,确定监测方法及监测精度,开展地裂缝监测;分析、汇总监测数据,编制监测成果报告及图件(图1)。

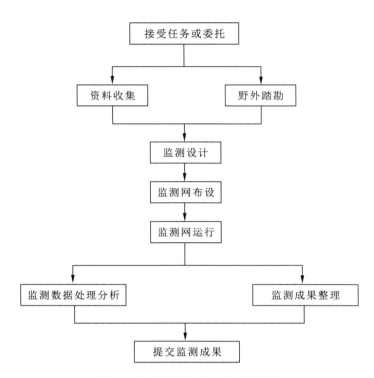

图 1 地裂缝监测工作流程图

4.4 基本要求

4.4.1 地裂缝监测应在对地裂缝地质灾害详细调查的基础上进行。

4.4.2 若同时发生地面沉降,地裂缝监测宜与地面沉降监测同时进行。

5 监测对象与监测内容

5.1 监测对象

5.1.1 地裂缝监测对象应是由地裂缝活动造成的地面变形和建(构)筑物变形。

5.1.2 由地下水开采诱发或加剧地裂缝活动的地区,应同时监测地下水动态。

5.2 监测内容

5.2.1 地面变形监测内容应包括地裂缝活动的影响带宽度,地裂缝两盘的垂直活动量、水平拉张活动量、水平扭动活动量。

5.2.2 建(构)筑物变形监测内容应为建(构)筑物裂缝两侧水平拉张、水平扭动或垂直活动量。

5.2.3 地下水动态监测内容应为地下水位,必要时水位、水质监测宜同时进行。

6 监测分级

6.1 监测分级标准

6.1.1 根据地裂缝规模和地裂缝危害等级，应将地裂缝监测工作分为一级、二级、三级，见表1。地裂缝规模或危害等级，只要一项指标达到高等级，则按高等级划定监测的级别。

6.1.2 地裂缝规模分为巨型、大型、中型、小型四级，见表2。

6.1.3 地裂缝危害等级根据险情等级和灾情等级综合确定分为特大型、大型、中型和小型，见表3。

表1 地裂缝监测级别划分标准

危害等级	规模			
	巨型	大型	中型	小型
	监测级别			
特大型	一级	一级	一级	一级
大型	一级	二级	二级	二级
中型	二级	二级	二级	二级
小型	二级	二级	二级	三级

表2 地裂缝规模分级标准

规模等级	巨型	大型	中型	小型
累计长度 L/m	$L \geqslant 10\ 000$	$10\ 000 > L \geqslant 1\ 000$	$1\ 000 > L \geqslant 100$	$L < 100$
影响范围 A/km^2	$A \geqslant 10$	$10 > A \geqslant 5$	$5 > A \geqslant 1$	$A < 1$

表3 地裂缝危害等级划分标准

地裂缝危害等级	险情等级		灾情等级	
	直接威胁人数/人	潜在经济损失/万元	死亡人数/人	直接经济损失/万元
特大型	≥1 000	≥10 000	≥30	≥1 000
大型	500~1 000	5 000~10 000	10~30	500~1 000
中型	100~500	500~5 000	3~10	100~500
小型	<100	<500	<3	<100

6.2 分级监测内容及方法、要求

6.2.1 一级监测

6.2.1.1 一级监测应监测地裂缝两盘垂直绝对活动量、水平相对活动量、地裂缝影响带宽度以及建（构）筑物变形量等。

6.2.1.2 监测方法应采用水准对点监测、短水准剖面监测、三维变形测量仪监测，建（构）筑物变形量宜采用人工简易监测。卫星定位系统监测宜作为辅助监测手段。

6.2.1.3 水准对点监测和短水准剖面监测应布设测量基准点,测量基准点、监测点布设、施测的技术要求应符合《国家一、二等水准测量规范》(GB/T 12897)有关规定。

6.2.1.4 卫星定位系统监测的技术要求应符合《全球定位系统(GPS)测量规范》(GB/T 18314)等技术标准的有关规定。

6.2.2 二级监测

6.2.2.1 二级监测应监测地裂缝两盘相对活动量和建(构)筑物变形量。

6.2.2.2 地裂缝两盘垂直相对活动量应以水准对点为主、卫星定位系统监测为辅,地裂缝两盘水平拉张活动量、水平扭动活动量宜采用卫星定位系统监测。

6.2.2.3 二级监测的技术要求应符合《国家三、四等水准测量规范》(GB/T 12898)的有关规定。

6.2.2.4 卫星定位系统监测的技术要求应符合《全球定位系统(GPS)测量规范》(GB/T 18314)等技术标准的有关规定。

6.2.3 三级监测

6.2.3.1 三级监测应监测地裂缝两盘相对活动量。

6.2.3.2 地裂缝两盘相对活动量宜采用卫星定位系统监测。

6.2.3.3 卫星定位系统监测的技术要求应符合《全球定位系统(GPS)测量规范》(GB/T 18314)等技术标准的有关规定。

7 监测方法

7.1 一般规定

7.1.1 监测方法的选择应根据监测对象、监测内容、场地条件和方法适用性等因素综合确定,监测方法应合理易行。

7.1.2 监测仪器、设备应符合下列规定:
   a) 具有良好的稳定性和可靠性,且满足监测精度和量程要求;
   b) 经过校准或标定合格,且校核记录和标定资料齐全,并应在规定的校准有效期内使用;
   c) 定期进行监测仪器、设备的维护保养、检测以及检查。

7.1.3 对同一监测方法,监测时应符合下列要求:
   a) 使用同一监测仪器和设备;
   b) 固定监测人员;
   c) 在基本相同的环境和条件下工作。

7.2 水准对点监测

7.2.1 水准对点监测应监测地裂缝两盘垂直活动量。

7.2.2 垂直地裂缝发育方向,在地裂缝两盘各布设一个水准点。

7.2.3 按照水准测量规范观测,通过平差计算两点间高差。与上一期和第一期观测高差数据对比,推算出地裂缝两盘短期和长期垂直形变速率。

7.2.4 观测方法采用单站倒尺,上、下午两个光段各测一测回。

7.2.5 监测结果应填写水准对点监测记录表(参见附录 D.1)。

7.3 短水准剖面监测

7.3.1 短水准剖面监测应监测地裂缝两盘垂直活动量与地裂缝影响带宽度。

7.3.2 沿垂直地裂缝发育方向，在地裂缝两盘按一定间距布设两个以上的水准点，构成短水准剖面。

7.3.3 从剖面任意一端出发，通过水准观测，获取相邻两点间的高差，与上一监测周期的数据对比，推算出地裂缝两盘垂直活动量和影响带宽度。

7.3.4 观测方法采用单站倒尺，上、下午两个光段各测一测回。

7.3.5 观测结果应填写短水准剖面监测记录表(参见附录D.2)。

7.4 三维变形测量仪监测

7.4.1 三维变形测量仪应监测地裂缝两盘的水平拉张活动量、水平扭动活动量、垂直活动量。

7.4.2 三维变形测量仪宜由野外监测系统、数据采集系统、远程管理系统构成，工作原理及安装方法(参见附录C)。

7.4.3 仪器宜采用自动化标定技术，也可根据现场工作条件人工标定。

7.4.4 自动化监测数据读取应每日不少于1次。

7.4.5 三维变形测量仪监测精度允许偏差为±1μm。

7.5 卫星定位系统监测

7.5.1 卫星定位系统监测应监测地裂缝两盘地表水平拉张、水平扭动、垂直活动量。

7.5.2 地裂缝卫星定位系统监测的技术要求应符合《全球定位系统(GPS)测量规范》(GB/T 18314)等技术标准的有关规定。

7.6 地下水动态监测

7.6.1 地下水动态监测应监测地下水位，宜采用人工手动监测法和自动化监测仪监测法。

7.6.2 人工手动监测法应采用测绳、测钟及万用表配合使用，技术要求参照《地下水动态监测规程》(DZ/T 0133—1994)的6.1条，监测数据填入地下水动态观测记录表(参见附录D.3)。

7.6.3 自动化监测仪监测法应为自动化水位记录仪与自动化发射传输设备结合使用，数据读取应不少于每日1次。

7.6.4 地下水位监测精度允许偏差为±0.01 m。

7.7 简易人工监测

7.7.1 简易人工监测应监测由地裂缝活动造成的建(构)筑物拉裂变形。

7.7.2 应在建(构)筑物裂缝两侧贴埋标志，人工用钢尺定期测量裂缝宽度及裂缝两侧水平、垂直相对位移的变化量，监测数据填入记录表(参见附录D.4)，并拍摄裂缝照片，注明日期。

7.7.3 简易人工监测精度允许偏差为±0.5 mm。

7.8 监测频率

地裂缝监测频率宜按表4的规定确定。

表 4 监测频率

监测项目	人工监测			自动化监测
	一级监测	二级监测	三级监测	
水准测量	4 次/年	2 次/年	—	—
三维变形测量	—	—	—	不少于 1 次/日
简易人工监测	1 次/2 周	1 次/月	—	—
地下水位监测	6 次/月	3 次/月	1 次/月	1 次/日
卫星定位系统测量	2 次/年	1 次/年	1 次/年	连续不间断

8 监测前期准备

8.1 资料收集

8.1.1 收集区内地裂缝详细调查成果资料。

8.1.2 收集区内已有地形地貌、气象水文、基础地质、水文地质、工程地质以及人类工程活动对地质环境影响资料。

8.1.3 收集区内地下水开发利用资料，地裂缝、地面沉降、地下水动态监测资料。

8.1.4 收集区内水准点分布、高程测量等资料。

8.2 野外踏勘

8.2.1 野外踏勘范围依据地裂缝活动范围、地下水开采范围、区域地质条件等因素综合确定。

8.2.2 野外踏勘内容应为地裂缝发育特征调查，由地下水开采诱引发或加剧地裂缝活动的地区应开展地下水动态调查，已有地裂缝监测地区宜开展现有监测设施运行情况调查。

8.2.3 地裂缝发育特征调查应调查工作区地裂缝发育长度、宽度、走向、倾向、倾角、影响带宽度等，同时应开展伴生地质灾害调查，已引起建(构)筑物破坏的应开展建(构)筑物灾害现象的实地调查和访问。

8.2.4 地下水动态调查对象为工作区内钻孔、机民井、泉等出露水点，了解其开采量及开采层位。

8.2.5 现有监测设施调查应调查现有监测设施类型、建设时间、运行情况等。

8.2.6 野外踏勘地形图应采用标准分幅图件，比例尺应不小于 1:5 000。

8.3 监测设计

8.3.1 监测工作开展之前，应编写监测设计书。

8.3.2 设计书的编制，应以上级主管部门下达任务书或委托单位合同为依据。设计书应得到上级主管部门或委托单位批准后方可实施。

8.3.3 设计书的编制应在广泛收集资料和野外踏勘的基础上，明确监测对象及内容，提出监测方法，布置监测网络，确定监测精度及频率。设计书编写提纲按附录 A 进行。

8.3.4 设计书应编制监测工作部署图，应标明监测点类型、分布位置、监测频率等，地理底图应采用标准分幅图件，比例尺应不小于 1:10 000。

9 监测网布设

9.1 监测点布设原则

9.1.1 监测点的布设应在地裂缝监测分级的基础上进行。

9.1.2 地面变形监测方法可选择短水准剖面监测、水准对点监测、三维变形测量仪监测、卫星定位系统监测等。

9.1.3 由于地裂缝活动造成建（构）筑物变形应布置简易人工监测点。

9.1.4 由地下水开采诱发或加剧的地裂缝地质灾害活动，应布置地下水动态监测点。

9.2 监测点布设

9.2.1 一级监测

9.2.1.1 沿地裂缝走向，水准对点应按照每千米3～5组布设，短水准剖面应不少于3条。水准对点高程应从国家基准点引测。

9.2.1.2 沿地裂缝走向，三维变形测量仪仪器站应不少于3座；地裂缝活动速率大于10 mm/a地段，应建立地裂缝三维变形测量仪仪器站。

9.2.1.3 简易人工监测点根据野外踏勘采集信息布设，一般沿地裂缝走向每千米不少于2个。

9.2.1.4 卫星定位系统对点监测宜为辅助监测手段，沿地裂缝走向按照每千米2～3组布设。

9.2.2 二级监测

9.2.2.1 沿地裂缝走向，水准对点按照每千米2～3组布设，卫星定位系统对点监测点应每千米不少于1组。

9.2.2.2 建（构）筑物人工监测点根据野外踏勘采集信息布设，在建（构）筑物裂缝明显位置布设监测点1～2个。

9.2.3 三级监测

以卫星定位系统监测为主，沿地裂缝走向，卫星定位系统对点监测点每千米不少于1组。

9.2.4 地下水动态监测

9.2.4.1 应充分利用现有地下水动态监测网。

9.2.4.2 地下水动态监测网布设应以覆盖地裂缝影响区域各地下水主采（灌）含水层为原则。

9.2.4.3 监测点（井）应布设在地裂缝的两盘，分别以垂直于地裂缝走向为主与平行于地裂缝走向为辅相结合的原则布设监测点（井）。

10 监测点建设

10.1 水准点（桩）埋设

10.1.1 水准点（桩）应埋设于地裂缝活动较强烈地段，保证能充分体现地裂缝活动量信息。

10.1.2 短水准剖面水准点（桩）应跨地裂缝布设，走向应和地裂缝走向垂直相交，监测点（桩）的数量应能控制地裂缝影响带宽度，间距宜在2 m～20 m，监测剖面长度宜穿过地裂缝影响带并向两侧外延20 m～40 m（图2）。

10.1.3 水准对点监测点（桩）应垂直于地裂缝走向，在地裂缝两盘分别布设，两点间距宜穿过地裂缝距裂缝20 m左右（图2）。

10.1.4 水准点(桩)应选择安全稳定、易于保存、易于寻找、便于监测的位置埋设。土质松软、短期因工程建设易于毁掉的地段不宜设置水准点。

10.1.5 水准点(桩)的标石预制及埋设要求宜参照国家一、二等水准测量规范《水质采样方案设计技术规定》(GB 12997—91)中的 5.2 执行。

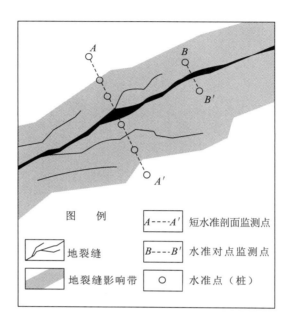

图 2 水准点(桩)埋设示意图

10.2 卫星定位系统监测点建设

10.2.1 应沿地裂缝两盘分别布设卫星定位系统监测站点,并保证所有卫星定位系统监测站点均在同一时段内进行同步监测。

10.2.2 卫星定位系统监测站点位选择应满足以下要求:
a) 以卫星定位系统监测站点为基点,视场内周围障碍物的高度角不大于15°;
b) 卫星定位系统监测站点的点位应远离大功率无线电发射源(如电视台、电台、微波站等),其距离不小于 200 m,并应远离高压输电线和微波无线电信号传送通道,其距离不小于 100 m;
c) 点位附近不应有对卫星信号产生强反射的物体(大面积水域、镜面建筑物等),以减弱多路径效应和信号衍射的影响。

10.2.3 卫星定位系统监测站点标石与相关设施、卫星定位系统监测点埋石作业等技术要求按《全球定位系统(GPS)测量规范》(GB/T 18314)中第 8 条的有关规定执行。

10.3 地下水动态监测点(井)建设

10.3.1 监测点(井)应具备建设、长期保护(存)的场地。

10.3.2 监测点(井)与已有同层次开采或回灌井间距不宜小于影响半径量值。

10.3.3 监测点(井)建设应按《国家级地下水监测井建设标准》(DZ/T 0270—2014)进行。

10.4 简易人工监测点建设

10.4.1 简易人工监测应使用两个对应的标志,分别设在建(构)筑物裂缝两侧。

10.4.2 裂缝监测标志应具有可供量测的明晰端面或中心。长期监测时宜采用镶嵌或埋入墙面的金属标志,短期监测时宜采用油漆平行线标志或建筑胶粘贴的金属片标志。

11 监测数据记录与处理

11.1 监测数据记录

11.1.1 原始监测值和记录事项均要在现场直接记录于电子手簿或人工记录手簿。

11.1.2 人工手簿中任何原始记录均不允许涂改。

11.1.3 电子手簿中所有原始记录在首次录入确定后不能擅自修改。

11.1.4 水准对点监测、短水准剖面监测、三维测量仪监测、地下水动态监测等数据记录内容见附录D。

11.2 监测数据预处理

11.2.1 水准监测

11.2.1.1 平差应在外业成果的检查验收和概算通过的基础上进行。

11.2.1.2 数据处理软件应经有关部门的试验鉴定并经业务主管部门批准方能使用。

11.2.1.3 数据处理中成果小数点取位、各项精度指标应符合《国家一、二等水准测量规范》(GB/T 12897)中9.5.5的有关规定。

11.2.2 三维变形测量仪监测

11.2.2.1 监测数据由专门软件读取。

11.2.2.2 监测数据应显示两盘的垂直、水平拉张及水平错动变化。

11.2.2.3 监测数据应绘制地裂缝形变测量变化曲线图,应结合地下水监测结果进行对比分析,为地裂缝综合分析研究提供参考。

11.2.3 卫星定位系统监测

11.2.3.1 平差应在外业成果检查验收合格和概算通过的基础上进行。

11.2.3.2 特等和一等卫星定位系统网基线数据处理应采用高精度数据处理专用软件,二等卫星定位系统网基线数据处理可采用随机配备的商用软件。

11.2.3.3 数据处理软件应经有关部门鉴定,主管部门批准方可应用。

11.2.3.4 特等和一等卫星定位系统网基线数据处理应以3~5个分布均匀的卫星定位系统站的坐标和原始监测数据为起算数据;二等卫星定位系统网基线数据处理应以适当数量的特级和一等卫星定位系统网点的坐标和原始监测数据为起算数据。

11.2.3.5 起算数据使用前应进行完整性、正确性与可靠性检验。

11.2.3.6 应绘制地裂缝形变测量变化曲线图。

11.2.3.7 各等级卫星定位系统网数据处理的具体技术要求可参照《全球定位系统(GPS)测量规范》(GB/T 18314)中的有关规定执行。

11.3 资料整编

11.3.1 对各类地裂缝监测点应统一编号,并编制地裂缝监测点基本情况表及监测点分布图。

11.3.2 编制监测期内的地裂缝水平拉张、水平扭动和垂直位移监测曲线图。

12 成果编制

12.1 成果报告编制

12.1.1 成果报告应简明扼要、突出重点、反映规律、结论明确,文字报告提纲参见附录B。

12.1.2 根据监测成果,结合区域地质环境背景条件、地下水开发利用程度、区域发展规划等,评价监测区地裂缝活动现状,分析预测监测区地裂缝发展趋势,为地裂缝防治提供依据。

12.1.3 预测评价应根据历史地裂缝活动资料及研究程度选用适宜的方法。常用的评价方法主要有历史演变趋势分析法、工程地质类比法、统计分析法等(附录F)。

12.2 成果图件编制

12.2.1 成果图件应为监测点分布图,地裂缝水平拉张、水平扭动和垂直活动监测成果图,地裂缝活动趋势预测图。地理底图应采用标准分幅图件,比例尺应不小于1:10 000。

12.2.2 地裂缝监测点分布图,图名应为"×××(工作区)地裂缝监测部署图"。地质环境条件要素应为地貌、主要地质构造、地质界线等,地裂缝监测点现状要素应为地裂缝分布位置、监测点现状分布等。

12.2.3 地裂缝水平拉张、水平扭动和垂直活动监测成果图,图名应为"×××(工作区)地裂缝和水平拉张、水平扭动、垂直活动监测成果图"。地质环境条件要素包括地貌、主要地质构造、地质界线等,图件内容根据实际情况进行取舍。地裂缝水平拉张、水平扭动、垂直活动监测成果图要素应为地裂缝的分布、地裂缝编号、监测点位置、监测点号、地裂缝水平拉张、水平扭动、垂直活动监测成果图示、监测结果数值、监测时间、监测周期等。

12.2.4 地裂缝活动性评价分区图,图名应为"×××(工作区)地裂缝活动性评价分区图",地质环境条件要素应为地貌、主要地质构造、地质界线等,图件内容根据实际情况进行取舍。地裂缝活动性评价分区图要素应包括地裂缝的分布、地裂缝编号、地裂缝活动性评价分区图示等。

12.2.5 地裂缝活动趋势预测图,图名应为"×××(工作区)地裂缝活动趋势预测图",地质环境条件要素应为地貌、主要地质构造、地质界线等,图件内容根据实际情况进行取舍。地裂缝活动趋势预测图要素应包括地裂缝现状分布、地裂缝预测分布、地裂缝预测活动量、地裂缝活动预测时间等。

12.3 资料存储

12.3.1 各类原始资料应及时分类整理、编目、存档。在原始纸介质资料保存的同时,应建立地裂缝监测数据库,进行电子文档资料存储。

12.3.2 数据库主要包括监测点基本信息、监测数据、分析数据和结论数据等。

附 录 A
（规范性附录）
地裂缝地质灾害监测设计书编写提纲

A.1 前言

本部分应包括以下内容：项目来源、目的、任务，主要方法及其实施方案。

A.2 监测区概况

本部分应包括以下内容：
a) 自然地理及社会经济概况；
b) 地质与水文地质条件；
c) 地下水开发利用现状；
d) 环境地质问题。

A.3 地裂缝发育现状

本部分应包括以下内容：
a) 地裂缝发育历史、现状及造成损失；
b) 地裂缝监测现状及评述。

A.4 地裂缝地质灾害监测网优化设计方案

本部分应包括以下内容：
a) 监测级别的确定；
b) 监测内容、监测方法的选择；
c) 监测频率的确定。

A.5 工作方法及技术要求

本部分按监测手段说明工作方法、监测内容（地裂缝水平拉张、水平扭动、垂直位移量）、精度要求等。

A.6 工作部署及进度安排

根据工作目的及任务书或委托书要求，提出工作思路、工作部署原则，做出工作部署，并附相应的工作部署图。列出各项工作的工作量，说明工作进度安排。

A.7 实物工作量

文字描述或列表说明总体工作部署和各类实物工作量。

A.8 预期成果

本部分应包括地裂缝监测提交成果（文字报告、图件、数据库等）。

A.9 经费预算

A.10 组织机构及人员安排

说明监测工作承担单位,列表说明项目组成员姓名、年龄、技术职务、从事专业、工作单位及在项目中分工和参加本项目工作时间等。

A.11 质量保障与安全措施

说明保障监测工作完成的技术、装备、质量、安全及劳动保护等措施。

附图:地裂缝监测部署图

附 录 B
（规范性附录）
地裂缝地质灾害监测报告编写提纲

B.1 前言

a) 项目背景（包括项目来源、目的任务、工作时间与范围）。
b) 工作部署、工作方法及主要完成工作量。
c) 主要成果及质量综述。

B.2 监测区基本情况

a) 地质环境背景。
b) 地裂缝发育特征。
c) 监测现状及存在问题。

B.3 监测网建设

a) 监测工作部署原则。
b) 监测级别。
c) 监测对象。
d) 监测方法及频率、精度（包括监测部署图）。

B.4 监测成果分析

统计不同监测方法取得的监测数据，对比不同地段地裂缝活动量，分析监测区地裂缝活动影响带宽度，开展监测区地裂缝活动性评价（包括地裂缝水平拉张、水平扭动、垂直活动监测成果图）。

a) 地裂缝垂向活动分析。
b) 地裂缝水平活动分析。
c) 地裂缝影响带宽度分析。

B.5 地裂缝成因及活动趋势分析

分析地裂缝主要诱发因素，采用历史演变趋势分析、工程地质类比等方法预测地裂缝发展趋势（包括地裂缝活动趋势预测图）。

B.6 结论与建议

B.6.1 结论

给出监测及预测结果，总结地裂缝活动变化规律，说明主要诱发因素。

B.6.2 建议

根据地裂缝发育现状、发展趋势及主要诱发因素,有针对性地提出地裂缝治理措施建议,要求措施具体,有针对性;建议明确,有操作性。

附图1:×××(工作区)地裂缝监测部署图

附图2:×××(工作区)地裂缝水平拉张、水平扭动、垂直活动监测成果图

附图3:×××(工作区)地裂缝活动性评价分区图

附图4:×××(工作区)地裂缝活动趋势预测图

附 录 C
（资料性附录）
三维变形测量仪工作原理及安装方法

C.1 系统构成

三维变形测量仪是测量地裂缝两盘水平、垂直活动量的专用仪器，可连续监测并取得高精度监测数据。三维变形测量仪由野外监测系统、数据采集传输系统和远程管理系统组成，各系统拓扑结构示意图见图C.1。

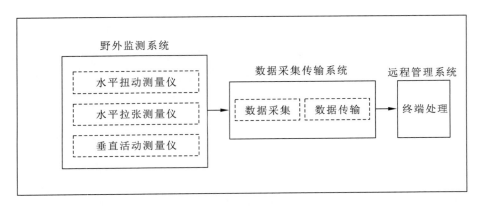

图 C.1 三维变形测量仪拓扑结构示意图

C.2 测量原理

三维变形测量仪野外监测部分是由地裂缝水平扭动测量仪、地裂缝水平拉张测量仪、地裂缝垂直活动测量仪三部分构成，各部分观测物理学含义见表C.1。

C.2.1 地裂缝水平扭动测量仪以智能化位移传感器为测量元件，发射端激光光源发射平行光投射到接收端，接收端记录投影位置并转换为电信号。发射端和接收端分别安装在地裂缝上下两盘，当地裂缝发生错动时，输出的电信号发生改变，以此判断地裂缝的水平扭动活动量。

C.2.2 地裂缝水平拉张测量仪采用比较法原理，以在一定张力下形成的弧长作为基准长度，与两个测点之间的距离进行比较，当位于地裂缝上下盘的两个测点之间水平距离发生变化时，其变化量经传感器输出位移信号，以此判断地裂缝的水平拉张活动量。

C.2.3 地裂缝垂直活动测量仪应用了连通器内液态工作介质在重力作用下保持液面水平的原理，在地裂缝上下盘设置两个测点并用连通器连接，测量连通管容器中的浮子的微小高差变化，由传感器检测并转换为电信号，由此监测地裂缝上下两盘的垂直活动量。

表 C.1　监测仪和监测量物理学含义

监测量	仪器名称	变形性质与物理含义
地裂缝水平扭动活动量	地裂缝水平扭动测量仪	读数增大表示地裂缝上下两盘为左旋运动,反之为右旋运动
地裂缝水平拉张活动量	地裂缝水平拉张测量仪	读数增大表示地裂缝两盘拉张变形,数据减小表示地裂缝两盘压性变形
地裂缝垂直活动量	地裂缝垂直活动测量仪	读数增大表示上盘相对下盘抬升(负数表示上盘低于下盘)

C.3　仪器安装

三维变形测量仪平面布置(图 C.2)。在地裂缝上下两盘各建 1 个仪器基墩,基墩距地裂缝宜 3 m～5 m。在地裂缝上盘基墩布置分量监测仪的标定端,下盘布置非标定端,仪器安装参数见表 C.2。

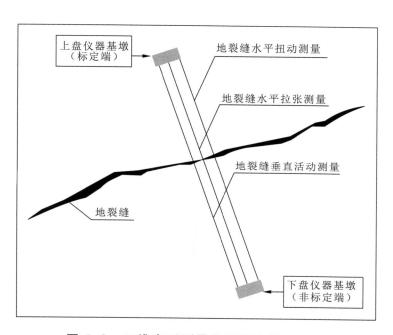

图 C.2　三维变形测量仪平面布置示意图

表 C.2　三维变形测量仪安装参数

仪器名称	与地裂缝走向夹角/(°)	上盘仪器基墩	下盘仪器基墩
地裂缝水平扭动测量仪	90	测量端	激光发射端
地裂缝水平拉张测量仪	90	固定端	测量端
地裂缝垂直活动测量仪	90	测量端	测量端

附 录 D
（规范性附录）
监测记录表

表 D.1 水准对点监测记录表　　　　　　　　　　　　　　　　　　　　（单位：mm）

点 号	位 置	第一组读数				第二组读数			
		往	返	往	返	往	返	往	返

监测人：　　　　　　　　　　　　　　　　监测时间：　　　　　　年　月　日

表 D.2 短水准剖面监测记录表　　　　　　　　　　　　　　　　　　　（单位：mm）

剖面	点号	位置	点 号			
			第一组读数		第二组读数	
	1—2					4
	2—3					5
	3—4					6
	4—5					7
	5—6					8

监测人：　　　　　　　　　　　　　　　　监测时间：　　　　　　年　月　日

剖面读数原则：1—2 读数为顺序 1 2 2 1

表 D.3 地下水动态监测记录表

井号		地面标高	m
位置		井口至地面	m

_____县(区)

地下水动态观测记录表

年　月

<table>
<tr><th colspan="3">观测时间</th><th>水 位</th><th rowspan="2">水温/℃</th><th rowspan="2">气温/℃</th><th rowspan="2">天气</th><th rowspan="2">观测者</th><th rowspan="2">备　注</th></tr>
<tr><th>日</th><th>时</th><th>分</th><th>井口测点
至水面/m</th></tr>
<tr><td></td><td></td><td></td><td></td><td></td><td></td><td></td><td></td><td></td></tr>
<tr><td></td><td></td><td></td><td></td><td></td><td></td><td></td><td></td><td></td></tr>
<tr><td></td><td></td><td></td><td></td><td></td><td></td><td></td><td></td><td></td></tr>
<tr><td colspan="3">总计</td><td></td><td></td><td></td><td></td><td></td><td></td></tr>
<tr><td colspan="3">平均</td><td></td><td></td><td></td><td></td><td></td><td></td></tr>
<tr><td colspan="3">工作中的问题
意见及要求</td><td colspan="6"></td></tr>
</table>

校对　　　　　　　　　　　　　　　　　月　　日　　第　　页

表 D.4 建(构)筑物裂缝监测记录表

监测点位置		天气	
监测时间		监测人	

<table>
<tr><td rowspan="8">相对位移监测</td><td colspan="2">测点</td><td>A－B</td><td>B－C</td><td>C－D</td><td>A－D</td></tr>
<tr><td colspan="2" rowspan="2">测距绘图</td><td colspan="4" rowspan="2">（图：矩形ABCD，对角线相交，中间有裂缝）</td></tr>
<tr></tr>
<tr><td rowspan="5">测点
距离/cm</td><td>目前</td><td></td><td></td><td></td><td></td></tr>
<tr><td>上次</td><td></td><td></td><td></td><td></td></tr>
<tr><td>初始</td><td></td><td></td><td></td><td></td></tr>
<tr><td>平均变化</td><td></td><td></td><td></td><td></td></tr>
<tr><td>累计变化</td><td></td><td></td><td></td><td></td></tr>
<tr><td colspan="3">建筑物及裂缝监测</td><td colspan="4"></td></tr>
</table>

附 录 E
（资料性附录）
基于 GIS 的地裂缝活动性评价方法

E.1 方法概述

通过对地裂缝活动现状及影响因素分析，建立地裂缝地质灾害影响因素指标体系，将各指标因子专题图层按权重进行代数叠加，计算地裂缝活动性综合指数，指数越大地裂缝活动性越强，反之越小。以此为依据进行地裂缝活动强度分区，评价流程见图 E.1。

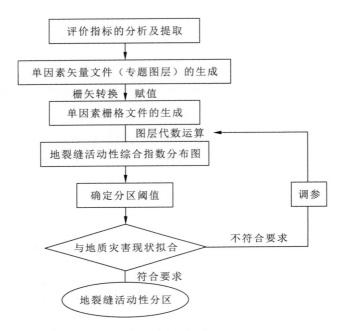

图 E.1 地裂缝活动性评价流程

E.1.1 影响因素指标体系的建立

影响地裂缝地质灾害活动性的因素主要有三个方面，即地质环境条件、地裂缝发育现状、地裂缝诱发因素。

表 E.1 地裂缝地质灾害活动性评价指标体系

地裂缝地质灾害活动性评价	地质环境条件	活动断裂
		黏性土厚度
		湿陷性黄土范围
	地裂缝发育现状	地裂缝发育强度
	地裂缝诱发因素	承压水变幅

E.1.2 影响因素的量化及专题图层的生成

1) 活动断裂专题层

   根据断裂带与地裂缝地表形变宽度分布的对应关系,将断裂对地裂缝的影响划分为两个带:断裂影响带:活动断裂两侧100 m;非断裂影响带:相邻影响带中间范围。

2) 黏性土厚度专题层

   黏性土越厚的地区,地面沉降地裂缝越发育。根据黏性土发育厚度,可分为5个黏性土发育厚度分区,分别为小于120 m、120 m～140 m、140 m～160 m、160 m～170 m、大于等于170 m。

3) 湿陷性黄土专题层

   湿陷性黄土对地面沉降地裂缝活动的影响主要表现在两个方面:第一,在黄土发生湿陷变形的情况下,地裂缝两侧的一定宽度范围形成应变集中场,使已贯通黄土层的裂缝会出现明显的附加变形,处于隐伏状态的裂缝会直接贯通。第二,地裂缝两端是湿陷变形产生的附加应力的集中部位,其作用的结果会导致裂缝两端进一步开裂变形。

   湿陷性黄土对地面沉降地裂缝的影响从大到小依次为Ⅳ级自重湿陷性黄土、Ⅲ级自重湿陷性黄土、Ⅱ级自重湿陷性黄土、Ⅱ级非自重湿陷性黄土、Ⅰ级非自重湿陷性黄土。

4) 地裂缝活动强度专题层

   以地裂缝活动速率表示地裂缝发育强度。

   地裂缝强发育区　　　　地裂缝活动速率≥30 mm/a
   地裂缝较强发育区　　　30 mm/a＞地裂缝活动速率≥20 mm/a
   地裂缝中等发育区　　　20 mm/a＞地裂缝活动速率≥5 mm/a
   地裂缝低发育区　　　　5 mm/a＞地裂缝活动速率≥0 mm/a
   地裂缝不发育区

5) 承压水变幅专题层

   承压水的超采是地面沉降地裂缝的主要影响因素之一。承压水降落漏斗与地面沉降中心位置在时空分布上基本一致。地下水超采引发地面沉降变形,同时引起地裂缝两侧差异沉降导致地裂缝活动加剧。承压水变幅越大对地面沉降地裂缝影响就越大。

表 E.2　影响因素量化值表

量化值(F_i)评价因素	1	2	3	4	5
活动断裂	非断裂影响带				断裂影响带
黏性土厚度 M/m	$M \leqslant 120$	$120 < M \leqslant 140$	$140 < M \leqslant 160$	$160 < M \leqslant 170$	$170 < M$
湿陷性黄土分布范围	Ⅰ级非自重	Ⅱ级非自重	Ⅱ级自重	Ⅲ级自重	Ⅳ级自重
地裂缝发育强度	不发育区	低育区	中等发育区	较强发育区	强发育区
承压水变幅/(m/a)	上升≥1		升降＜1		下降≥1

E.1.3 影响因素权重的确定

权重可采用专家-层次分析定权法确定,即由专家打分法确定层次分析法所需要的判断矩阵,再通过层次分析法对各评价要素进行定量描述。

E.1.4 构建地裂缝活动性评价层次结构模型

以黏性土厚度、承压水变幅、断裂发育程度、地裂缝发育强度 4 个指标项作为地裂缝活动性评价的指标层。采用 1~9 标度法使各因素的相对重要性定量化。

E.1.5 地裂缝活动性评价

评价地裂缝的活动强度,就是评价各影响因素对地裂缝产生的叠加影响的大小。采用综合指数模型,利用 GIS 多源图像分析模块,对各专题图层进行地图代数运算,得出地裂缝影响因素叠加图像,利用 GIS 像元分布直方图确定分区阈值,以此为依据进行地裂缝活动性分区。

$$F = \sum_{i=1}^{n} F_i W_i \quad \quad \quad \quad \quad \quad \quad \quad \text{(E.1)}$$

式中:
F—— 地裂缝活动性综合指数;
F_i—— 影响因素单项评价分值;
W_i—— 影响因素权重。

附 录 F
（资料性附录）
地裂缝活动趋势预测方法

F.1 历史演变趋势分析法

根据区域地质构造和地层结构以及水文地质条件，结合人类工程活动特征，应用岩土体变形破坏的机理及基本规律，通过地裂缝监测数据与历史数据对比分析，追溯其演变的全过程，对地裂缝发展趋势进行预测评价。

F.2 工程地质类比法

将已有的地裂缝发育区的研究经验或预测评价成果直接应用到地质条件及地面沉降地裂缝影响因素与之相似的工作区。该法的前提条件是主要类比内容具有相似性，类比内容主要包括：
a) 地裂缝发育区工程地质条件及水文地质条件，诱发地裂缝主导因素及其发展趋势等。
b) 区域地质构造背景，地层结构及水文地质条件，地裂缝诱发因素，地裂缝分布特征及发展趋势。
c) 统计分析法是根据长期地下水开采（回灌）量、地下水位和地裂缝活动速率长期动态监测资料，建立合理的统计分析数学模型进行预测评价，宜按下列要求进行：
   1) 统计分析法利用的动态监测资料时间序列长度不宜少于 10 年。
   2) 分析动态监测资料的内在联系，选择合适的参数，建立多元回归分析模型、时间序列分析模型、随机模型或双曲线模型、指数模型等统计分析模型。
   3) 通过对模型输入和输出结果的分析，校正已建立模型的正确性，对模型的参数进行识别，使计算所得数据与实际监测资料有最好的拟合。
   4) 采用已校正参数的模型，选择合适的地下水开采方案，对未来不同时间段内的地裂缝活动量进行预测评价。